# *Mon* HERBIER

L'ensemble des photos qui composent le motif floral sur la couverture et à l'intérieur du livre sont de svrid79/Shutterstock.

Direction éditoriale : Clélia Ozier-Lafontaine assistée de Héloïse Moulard
Conception graphique et mise en page : Claire Fauvain
Fabrication : Louisa Hanifi-Morard
Photograveur : Atelier Frédéric Claudel, Paris



ISBN : 978-2-0804-9835-9
N° d'édition : 668013
Dépôt légal : octobre 2025
editions.flammarion.com

Achevé d'imprimer en août 2025 chez Toppan.

# Mon HERBIER

LA MAISON RUSTIQUE

# AVANT DE COMMENCER...

## Qu'est-ce que c'est ?

Les herbiers sont des collections de plantes aplaties et séchées, conservées entre des feuillets, classées et nommées.

## À quoi ça sert ?

Ils sont essentiels pour l'étude de la botanique.

Vous aussi vous pouvez composer votre petite bibliothèque botanique par curiosité ou pour immortaliser vos plantes préférées.

## Préparer

Découpez en amont quelques feuilles de journal, de buvard, ou des serviettes en papier que vous glisserez dans l'enveloppe située en fin d'ouvrage.

## Récolter

Au cours de vos promenades, cueillez les spécimens qui vous intéressent (attention cependant à ne pas ramasser d'espèces protégées !). Vous pouvez également prendre des pétales ou des fleurs d'un bouquet...

## Sécher

Au démarrage, placez chacun des végétaux entre deux feuilles de papier journal (ou autre) et amorcez le séchage en posant un poids par-dessus. Au bout de quelques heures, changez le papier et recommencez l'opération.

Le lendemain, renouvelez le papier puis insérez le tout entre deux pages vierges et refermez l'herbier en serrant bien avec le ruban. Laissez sécher quelques jours ou plusieurs semaines en fonction de l'épaisseur du spécimen. Vérifiez régulièrement.

## Coller

Lorsque vos plantes sont bien sèches, fixez-les sur les pages prévues à droite à l'aide de masking tape, de scotch ou de colle.

Vous pouvez également laisser libre-court à votre créativité en composant des tableaux végétaux en fin d'ouvrage (p. 49) que vous pourrez découper et exposer.

## Identifier

Notez le nom de chaque végétaux, la date de la récolte et le lieu. N'hésitez pas à faire des recherches (livres, Internet, applications...) si vous ne connaissez pas son appellation. Les plus studieux pourront ajouter le nom latin et la famille.

Remplissez l'index en fin d'ouvrage afin de retrouver facilement chaque spécimen collé.

Bonne récolte !

................................................................................................

................................................................................................

## RÉCOLTE

*date* ...................................

.........................................

*lieu* ...................................

.........................................

*nom latin* ......................

.........................................

*famille* ..........................

.........................................

..................................................................................................................

..................................................................................................................

## RÉCOLTE

*date* ................................
.......................................
*lieu* ................................
.......................................
*nom latin* ......................
.......................................
*famille* ...........................
.......................................

.............................................
.............................................

## RÉCOLTE

*date* ......................
............................
*lieu* ......................
............................
*nom latin* ..........
............................
*famille* ................
............................

.............................................
.............................................

## RÉCOLTE

*date* ......................
............................
*lieu* ......................
............................
*nom latin* ..........
............................
*famille* ................
............................

## RÉCOLTE

date ................................
........................................
lieu ................................
........................................
nom latin .....................
........................................
famille ...........................
........................................

..............................................................................

..............................................................................

## RÉCOLTE

*date* ..............................
......................................
*lieu* ..............................
......................................
*nom latin* .....................
......................................
*famille* ..........................
......................................

........................................................................................

........................................................................................

## RÉCOLTE

*date* ................................
.......................................

*lieu* ................................
.......................................

*nom latin* ....................
.......................................

*famille* ..........................
.......................................

..............................................

..............................................

..............................................

..............................................

**RÉCOLTE**

*date* ......................

..............................

*lieu* ......................

..............................

*nom latin* ..........

..............................

*famille* ................

..............................

**RÉCOLTE**

*date* ......................

..............................

*lieu* ......................

..............................

*nom latin* ..........

..............................

*famille* ................

..............................

# RÉCOLTE

*date* ..............................

..............................

*lieu* ..............................

..............................

*nom latin* ..............................

..............................

*famille* ..............................

..............................

................................................................................

................................................................................

## RÉCOLTE

date ................................
........................................
lieu ................................
........................................
nom latin ......................
........................................
famille ...........................
........................................

..................................................................................................

..................................................................................................

## RÉCOLTE

*date* ................................
........................................

*lieu* ................................
........................................

*nom latin* ......................
........................................

*famille* ..........................
........................................

..............................................

..............................................

## RÉCOLTE

*date* ......................

.............................

*lieu* ......................

.............................

*nom latin* ..........

.............................

*famille* .................

.............................

..............................................

..............................................

## RÉCOLTE

*date* ......................

.............................

*lieu* ......................

.............................

*nom latin* ..........

.............................

*famille* .................

.............................

## RÉCOLTE

*date* ...............................
.....................................
*lieu* ...............................
.....................................
*nom latin* .....................
.....................................
*famille* ..........................
.....................................

## RÉCOLTE

*date* ..............................

.....................................

*lieu* ..............................

.....................................

*nom latin* ..............................

.....................................

*famille* ..............................

.....................................

................................................................................

................................................................................

## RÉCOLTE

*date* ..............................

....................................

*lieu* ..............................

....................................

*nom latin* ....................

....................................

*famille* ..........................

....................................

..............................................

..............................................

..............................................

..............................................

## RÉCOLTE

*date* ......................

..............................

*lieu* ......................

..............................

*nom latin* ..........

..............................

*famille* ................

..............................

## RÉCOLTE

*date* ......................

..............................

*lieu* ......................

..............................

*nom latin* ..........

..............................

*famille* ................

..............................

..........................................................................
..........................................................................

## RÉCOLTE

*date* ................................
.......................................
*lieu* ................................
.......................................
*nom latin* ...........................
.......................................
*famille* .............................
.......................................

## RÉCOLTE

*date* ..............................
..............................
*lieu* ..............................
..............................
*nom latin* ..............................
..............................
*famille* ..............................
..............................

## RÉCOLTE

*date* ..............................
..............................
*lieu* ..............................
..............................
*nom latin* ..............................
..............................
*famille* ..............................
..............................

..............................................

..............................................

## RÉCOLTE

*date* ......................

..............................

*lieu* ......................

..............................

*nom latin* ...........

..............................

*famille* ................

..............................

..............................................

..............................................

## RÉCOLTE

*date* ......................

..............................

*lieu* ......................

..............................

*nom latin* ...........

..............................

*famille* ................

..............................

..............................................................................

..............................................................................

## RÉCOLTE

*date* ................................
..........................................
*lieu* ................................
..........................................
*nom latin* ......................
..........................................
*famille* ...........................
..........................................

..................................................

..................................................

## RÉCOLTE

*date* ..............................
......................................
*lieu* ..............................
......................................
*nom latin* ....................
......................................
*famille* .........................
......................................

# *Mes* TABLEAUX VÉGÉTAUX

# PRÉSENTATION

Exprimez votre créativité en associant plusieurs végétaux
de différentes couleurs, taille et forme pour une composition unique.

Collez chaque spécimen à l'emplacement de votre choix
pour former un bouquet structuré ou un pêle-mêle foisonnant.

Quand votre tableau est terminé, découpez-le en suivant les pointillés.

Encadrez et exposez votre œuvre végétale !